客厅设计广场 第2季

简约客厅

客厅设计广场第2季编写组/编

客厅是家庭聚会、休闲的重要场所，是能充分体现居室主人个性的居室空间，也是访客停留时间较长、关注度较高的区域，因此，客厅装饰装修是现代家庭装饰装修的重中之重。

本系列图书分为现代、中式、欧式、混搭和简约五类，根据不同的装修风格对客厅整体设计进行了展示。本书精选了大量简约客厅装修经典案例，图片信息量大，这些案例均选自国内知名家装设计公司倾情推荐给业主的客厅设计方案，全方位呈现了这些项目独特的设计思想和设计要素，为客厅设计理念提供了全新的灵感。本书针对每个方案均标注出该设计所用的主要材料，使读者对装修主材的装饰效果有更直观的视觉感受。针对客厅装修中读者较为关心的问题，有针对性地配备了大量通俗易懂的实用小贴士。

图书在版编目（CIP）数据

客厅设计广场．第2季．简约客厅 / 客厅设计广场第2季编写组编．— 2版．— 北京 ：机械工业出版社，2016.6

ISBN 978-7-111-54037-3

Ⅰ．①客… Ⅱ．①客… Ⅲ．①客厅－室内装饰设计－图集 Ⅳ．①TU241-64

中国版本图书馆CIP数据核字(2016)第134192号

机械工业出版社（北京市百万庄大街22号　邮政编码 100037）
策划编辑：宋晓磊　　责任编辑：宋晓磊
责任印制：李　洋　　责任校对：白秀君
北京汇林印务有限公司印刷

2016年6月第2版第1次印刷
210mm×285mm · 7印张 · 201千字
标准书号：ISBN 978-7-111-54037-3
定价：39.00元

凡购本书，如有缺页、倒页、脱页，由本社发行部调换

电话服务
服务咨询热线:(010)88361066
读者购书热线:(010)68326294
(010)88379203

网络服务
机工官网:www.cmpbook.com
机工官博:weibo.com/cmp1952
教育服务网:www.cmpedu.com
金书网:www.golden-book.com

目录 Contents

PEARL HARBOR

客厅电视墙设计应遵循哪些原则

1.电视墙设计不能凌乱、复杂，以简洁、明快为佳。墙面是人们视线经常留驻之处，是进门后视线的焦点，就像一个人的脸一样，略施粉黛，便可令人耳目一新。现在的主电视墙越来越简单，以简约风格为时尚。

2.色彩运用要合理。从色彩的心理学作用来分析，色彩的作用可以使房间看起来宽敞或狭窄，给人以“凸出”或“凹进”的感觉。既可以使房间变得活跃，也可以使房间变得宁静。

3.电视墙的设计要考虑与家居整体的搭配，需要和其他陈设配合与映衬，还要考虑其位置的安排及灯光效果。

紧 凑 型

米黄色洞石

石膏板拓缝

有色乳胶漆

肌理壁纸

黑色烤漆玻璃

混纺地毯

印花壁纸

米色波浪板

木质搁板

白枫木窗棂造型隔断

混纺地毯

车边灰镜

木纹亚光玻化砖

肌理壁纸

木质搁板

有色乳胶漆

深啡色网纹大理石

皮纹砖

装饰银镜

黑色烤漆玻璃

白色网纹玻化砖

装饰银镜

装饰灰镜

密度板肌理造型

印花壁纸

米色网纹大理石

羊毛地毯

水曲柳饰面板

石膏板拓缝

木质踢脚线

皮革装饰硬包

木质搁板

客厅电视墙设计应该注意哪些问题

首先，用于电视墙的装饰材料很多，有木质、天然石、人造文化石及布料等，但对于电视墙而言，采用什么材料并不重要，最主要的是要考虑造型的美观及对整个空间的影响。

其次，客厅电视墙作为整个居室的一部分，自然会抓住大部分人的视线，但是，绝对不能为了单纯地突出个性，让墙面与整体空间产生强烈的冲突。电视墙应与周围的风格融为一体，运用细节化、个性化的处理使其融入整体空间的设计理念中。

最后，就电视墙的位置而言，如果居于墙面的中心位置，那么应考虑与电视机的中心相呼应；如果电视墙设计在墙的左、右位置，那么则应考虑沙发背景墙是否有必要做类似元素的造型进行呼应，以达到整体、和谐的效果。

条纹壁纸

桦木百叶

印花壁纸

黑色烤漆玻璃

密度板雕花隔断

石膏板拓缝
白色乳胶漆

中花白大理石
肌理壁纸

木纹玻化砖
米色网纹玻化砖

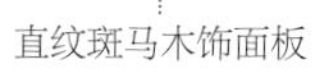
直纹斑马木饰面板

羊毛地毯

装饰茶镜

中花白大理石

雕花银镜

有色乳胶漆

皮纹砖

白色亚光墙砖

羊毛地毯

黑色烤漆玻璃

条纹壁纸

仿古砖

中花白大理石

水曲柳饰面板

木纹玻化砖

黑色烤漆玻璃

印花壁纸

强化复合木地板

有色乳胶漆

水曲柳饰面板

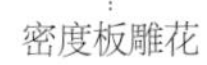

密度板雕花

车边银镜

陶瓷锦砖

黑色烤漆玻璃

中花白大理石

肌理壁纸

木纹大理石

米色玻化砖

雕花银镜

米黄色洞石

黑镜装饰线

有色乳胶漆

中花白大理石

客厅电视墙的造型如何设计

电视墙的造型分为对称式、非对称式、复杂式和简洁式四种。对称式给人规律、整齐的感觉；非对称式比较灵活，个性化很强；复杂式和简洁式都需要根据具体风格来定，以达到与整体风格协调一致的效果。

电视墙的造型设计，需要实现点、线、面相结合，与整个环境的风格和色彩相协调，在满足使用功能的同时，也要达到反映装修风格、烘托环境氛围的效果。

茶色烤漆玻璃

装饰银镜

茶色烤漆玻璃

手绘墙饰

印花壁纸

羊毛地毯

灰白色亚光墙砖

装饰银镜

黑色烤漆玻璃

皮革软包

装饰银镜

条纹壁纸

米白色洞石

装饰灰镜

米黄色洞石

有色乳胶漆

皮纹砖

石膏板拓缝

直纹斑马木饰面板

白色玻化砖

肌理壁纸

艺术地毯

白色亚光墙砖

木质搁板

白桦木饰面板

雕花烤漆玻璃

白枫木饰面板

米白色洞石

密度板造型隔断

石膏板拓缝

木纹玻化砖

车边灰镜

印花壁纸

水曲柳饰面板

艺术地毯

如何设计小户型客厅电视墙

小户型客厅的面积有限，因此电视墙的体积不宜过大，颜色以深浅适宜的灰色系为宜。在选材上，不适宜使用过于毛糙或厚重的石材类材料，以免带来压抑感，可以利用镜子装饰局部，以产生扩大视野的效果。但要注意镜子的面积不宜过大，否则容易给人眼花缭乱的感觉。另外，壁纸类材料往往可以带给小户型空间温馨、多变的视觉效果，深受人们的喜爱。

黑色烤漆玻璃

艺术墙贴

印花壁纸

白枫木装饰线贴银镜

印花壁纸 木质搁板

米色亚光墙砖

印花壁纸

中花白大理石

黑金花大理石

木质搁板

密度板雕花隔断

肌理壁纸

密度板树干造型隔断

中花白大理石

羊毛地毯

陶瓷锦砖

白色亚光玻化砖

米色大理石

米色玻化砖

镜面锦砖

布艺软包

印花壁纸

木质搁板

有色乳胶漆

车边茶镜

混纺地毯

印花壁纸

车边银镜

木质踢脚线

印花壁纸

条纹壁纸

装饰灰镜

爵士白大理石

装饰灰镜

印花壁纸

密度板雕花隔断

皮革软包

白色乳胶漆

条纹壁纸

强化复合木地板

印花壁纸

混纺地毯

强化复合木地板

如何设计实用型客厅电视墙

将墙面做成装饰柜的式样是当下比较流行的装饰手法，它具有收纳功能，可以敞开，也可以封闭，但整个装饰柜的体积不宜太大，否则会显得厚重而拥挤。有的年轻人为了突出个性，甚至在装饰柜门上即兴涂鸦，这也是一种独特的装饰手法。如果客厅面积不大或者家里杂物很多，收纳功能就不能忽略，即使在家中想要打造一面体现主人风格的电视墙，也要尽量设计成带有一定收纳功能的，这样可以令客厅显得更加整齐。同时，在装修的时候应该注意收纳部位的美观。

印花壁纸

雕花灰镜

米色大理石

石膏装饰线

白枫木装饰线

装饰灰镜

浅啡色网纹大理石

条纹壁纸

木质搁板

水曲柳饰面板

米白色洞石

白色玻化砖

雕花银镜

肌理壁纸

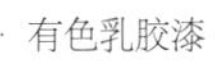
有色乳胶漆

木质搁板

印花壁纸

木纹大理石

条纹壁纸

水曲柳饰面板

木质搁板

黑色烤漆玻璃

密度板造型贴清玻璃

石膏板拓缝

陶瓷锦砖拼花

有色乳胶漆

印花壁纸

有色乳胶漆

印花壁纸

装饰银镜

手绘墙饰

条纹壁纸

松木装饰假梁

密度板雕花隔断

石膏装饰线

印花壁纸

密度板拓缝

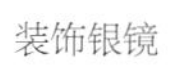

装饰银镜

石膏板拓缝

木质搁板

印花壁纸

舒适型

如何设计简洁的小客厅

对于面积较小的客厅，一定要做到简洁。如果放置几件橱柜，将会使小空间更加拥挤。如果在客厅中摆放电视机，可将固定的电视柜改成带轮子的低柜，以增加空间利用率，而且还具有较强的变化性。小客厅中可以摆放装饰品或花草等物品，但力求简单，能起到点缀效果就行，尽量不要放铁树等大盆栽。很多人希望能将小客厅装饰出宽敞的视觉效果，对此，可在设计顶棚时不做吊顶，将玄关设计成通透式的，以尽量减少空间占用。

水曲柳饰面板

木纹亚光玻化砖

条纹壁纸

米色网纹大理石

印花壁纸

黑色烤漆玻璃

白枫木装饰线

有色乳胶漆

仿古砖

磨砂玻璃

印花壁纸

文化砖

白枫木装饰线

有色乳胶漆

米色洞石

茶镜装饰线

装饰银镜

印花壁纸

陶瓷锦砖

木质搁板

车边银镜

肌理壁纸

泰柚木饰面板

黑色烤漆玻璃

装饰灰镜

米白色洞石

有色乳胶漆

密度板雕花贴黑镜

有色乳胶漆

印花壁纸

黑色烤漆玻璃

有色乳胶漆

客厅如何装修最省钱

客厅地面可采用造价较低、工艺上运用多种艺术装饰手段的水泥做装饰材料；墙面可不做电视墙，利用肌理涂料、水泥造型及整体家具代替单独的电视墙；购买整体家具可以省去做电视墙的费用；客厅吊顶可以简单化，甚至可以不做吊顶。小客厅可以使用色彩淡雅明亮的墙面涂料，让空间显得更加宽敞。

印花壁纸

车边银镜

泰柚木饰面板

仿古砖

石膏板拓缝

木纹大理石

混纺地毯

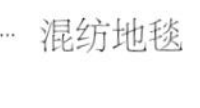

车边银镜

强化复合木地板

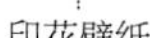
印花壁纸

白枫木装饰线

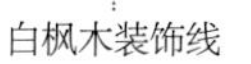
白枫木装饰线

仿古砖

白色亚光玻化砖

有色乳胶漆

实木装饰线密排

白色亚光玻化砖

雕花茶镜

中花白大理石

木质搁板

木纹大理石

陶瓷锦砖

印花壁纸

条纹壁纸

米色网纹玻化砖

黑色烤漆玻璃

石膏板拓缝

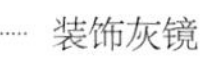

装饰灰镜

印花壁纸

肌理壁纸

米色玻化砖

皮纹砖

装饰银镜

客厅如何布局最省钱

事实上，传统的客厅装修是不省钱的，布局大多是电视墙的对面放两三张沙发，中间放一个茶几。但那些建材都不省钱，而且这种布局显得很死板、单调。如果改掉这种死板的摆设和布局方式，改换另一种灵活且更有氛围的方式，不仅可以省去不少呆板装修的花费，还能够享受另一种新鲜而健康的生活方式。例如，将电视机从墙上“搬”下来，放在一个带有滑轮、可以方便移动的带抽屉的电视柜上，可以随心放置在任何地方；沙发也可以根据聊天、沟通的需要而改换摆放布局。

米色大理石

印花壁纸

有色乳胶漆

条纹壁纸

白枫木饰面板

仿古砖

艺术墙贴

中花白大理石

印花壁纸

羊毛地毯

皮革软包

石膏板肌理造型

装饰灰镜

羊毛地毯

泰柚木饰面板

木质踢脚线

印花壁纸

强化复合木地板

布艺软包

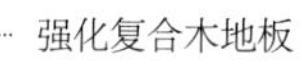

强化复合木地板

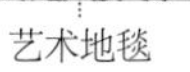

艺术地毯

印花壁纸

有色乳胶漆

米色亚光玻化砖

布艺软包

印花壁纸

爵士白大理石

条纹壁纸

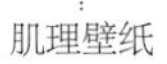

肌理壁纸

车边黑镜

密度板造型贴黑镜

印花壁纸

肌理壁纸

爵士白大理石

条纹壁纸

米色网纹大理石

白枫木装饰线贴茶镜

肌理壁纸

雕花银镜

白枫木格栅

装饰银镜

肌理壁纸

绿色亚克力背景板

印花壁纸

如何设计客厅的色彩

客厅设计首先要确定主色调。由于人的性格、阅历和职业的不同，客厅的色彩设计也应该是不同的，主要以个人的喜好和兴趣为依据。如果是自己不喜欢的颜色，无论设计多么合理，自己都不会很满意。如果客厅的主色调为红色，其他的装饰色就不要太强烈，如地面用茶绿色，墙面用灰白色等，以避免造成色调冲突。如果客厅的主色调为橙黄色，其他的装饰色就应该选用比主色调稍深的颜色，以达到和谐的效果，使整个房间给人以柔和而温馨的感觉。如果主色调为绿色，地面和墙面就可设计为淡黄色，家具则为奶白色，这种颜色的搭配能给人以清晰、细腻的感觉，使整个房间变得轻快活泼。

条纹壁纸

中花白大理石

密度板雕花隔断

肌理壁纸

爵士白大理石

条纹壁纸

泰柚木饰面板

有色乳胶漆

羊毛地毯

白色乳胶漆

雕花银镜

黑色烤漆玻璃

木纹大理石

装饰银镜

木纹大理石

皮革软包

皮革软包

灰白色网纹玻化砖

皮纹砖

陶瓷锦砖波打线

仿木纹壁纸

白枫木饰面板

米黄色网纹大理石

泰柚木饰面板

密度板雕花隔断

印花壁纸

印花壁纸

大理石踢脚线

银镜装饰线

羊毛地毯

印花壁纸

黑色烤漆玻璃

泰柚木饰面板

云纹大理石

如何根据客厅朝向选择不同的色系

朝南的客厅无疑是日照时间最长的，充足的日照使人感觉温暖，同时也容易让人产生浮躁的情绪。因此，大面积深色的应用会使人感到更舒适。

朝西的客厅由于受到一天中最强烈的落日夕照的影响，房间里会感觉比较炎热，客厅墙面如果选用暖色调会加剧这种效果，而选用冷色系会让人感觉清凉些。

朝东的客厅是最早晒到阳光的房间，由于早上的日光最柔和，所以可以选择任何一种颜色。但是客厅也会因为阳光最早离开而过早变暗，所以高亮度的浅暖色是最适宜的色彩，像明黄色、淡金色等。

朝北的客厅因为没有日光的直接照射，电视墙在选色时应倾向于用暖色，避免冷色调的应用，且明度要高，不宜用暖而深的色调，这样会使空间显得更暗，让人感觉沉闷、单调。

皮革软包

印花壁纸

有色乳胶漆

白枫木饰面板

水曲柳饰面板

仿古墙砖

混纺地毯

有色乳胶漆

米色网纹玻化砖

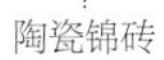
陶瓷锦砖

仿古砖

装饰银镜

中花白大理石

混纺地毯

石膏板拓缝

混纺地毯

灰镜装饰线

条纹壁纸

米色亚光玻化砖

陶瓷锦砖

黑色烤漆玻璃

黑色烤漆玻璃

白枫木装饰线

密度板树干造型

灰白色网纹玻化砖

羊毛地毯

皮革软包

印花壁纸

羊毛地毯

装饰灰镜

有色乳胶漆

银镜吊顶

中花白大理石

印花壁纸

陶瓷锦砖

白枫木装饰立柱

黑色烤漆玻璃

密度板造型

木纹大理石

密度板雕花贴黑镜

羊毛地毯

米色大理石

如何设计客厅地面的色彩

1.家庭的整体装修风格和理念是确定地板颜色时首先要考虑的因素。深色调地板的感染力和表现力很强，个性特征鲜明，浅色调地板风格简约，清新典雅。

2.要注意地板与家具的搭配。地面颜色要衬托家具的颜色，并以沉稳柔和为主调，浅色家具可与深浅颜色的地板任意组合，但深色家具与深色地板的搭配则要格外小心，以免产生压抑的感觉。

3.居室的采光条件也限制了地板颜色的选择范围，尤其是楼层较低、采光不充分的居室要注意选择亮度较高、颜色适宜的地面材料，尽可能避免使用颜色较暗的材料。

4.面积小的房间地面要选择暗色调的冷色，使人产生面积扩大的感觉。如果选用色彩明亮的暖色地板，就会使空间显得更狭窄，增加了压抑感。

印花壁纸

泰柚木饰面板

中花白大理石

混纺地毯

强化复合木地板

仿皮纹壁纸

米色亚光墙砖

羊毛地毯

木质踢脚线

皮革软包

印花壁纸

白枫木格栅贴黑镜

条纹壁纸

印花壁纸

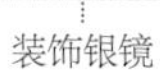

装饰银镜

强化复合木地板

皮革软包

白枫木装饰立柱

木纹大理石

磨砂玻璃

简约风格的家具特点

1.强调功能性设计，线条简约流畅，色彩对比强烈。

2.大量使用钢化玻璃、不锈钢等新型材料作为辅材，是简约风格家具的常见装饰手法，能给人带来前卫、不受拘束的感觉。

3.由于线条简单、装饰元素少，简约风格的家具需要完美的软装配合，才能显示出美感。例如，沙发需要靠垫，餐桌需要餐桌布，床需要床单陪衬，软装到位是家具装饰的关键。

奢华型

米色大理石

有色乳胶漆

装饰灰镜

木纹大理石

雕花清玻璃

中花白大理石

装饰茶镜

混纺地毯

白色玻化砖

混纺地毯

布艺装饰硬包

装饰灰镜

印花壁纸

有色乳胶漆

爵士白大理石

混纺地毯

木纹大理石

中花白大理石

陶瓷锦砖

雕花银镜

密度板树干造型

黑白根大理石

米黄色网纹大理石

爵士白大理石

白色仿古砖

有色乳胶漆

中花白大理石

雕花银镜

木纹大理石

有色乳胶漆

木纹玻化砖

印花壁纸

白枫木装饰线贴灰镜

泰柚木饰面板

陶瓷锦砖

有色乳胶漆

木纹大理石

羊毛地毯

仿古墙砖 强化复合木地板

陶瓷锦砖

中花白大理石

中花白大理石

米色大理石

简约风格色彩搭配的6个色系

1.轻快色系：中心色为黄色、橙色。选择橙色地毯，窗帘、床罩用黄白印花布。沙发、顶棚用灰色调，再搭配一些绿色植物来衬托，使居室充满惬意、轻松的气氛。

2.硬朗色系：中心色为红色，整个居室地面铺红色地毯。窗帘用蓝白的印花布，与红色地毯形成强烈对比。沙发选用黑色，家具以白色为主，墙和天花板也以白色为主，这样就可以避免因对比强烈而显得刺眼。

3.轻柔色系：中心色为柔和的粉红色。地毯、灯罩、窗帘用红加白色调，家具用白色，房间局部点缀淡蓝色，以增添浪漫的气氛。

4.典雅色系：中心色为粉色，沙发、灯罩用粉红色，窗帘、床罩用粉红色印花布，地板用淡茶色，墙用奶白色。

5.优雅色系：中心色为玫瑰色和淡紫色。地毯用浅玫瑰色，沙发用比地毯浓一些的玫瑰色，窗帘可选用淡紫色印花棉布，灯罩和灯杆用玫瑰色或紫色。再放一些绿色的靠垫和盆栽植物加以点缀，墙和家具用灰白色，可取得雅致优美的效果。

6.华丽色系：中心色为橘红色、蓝色和金色。沙发用酒红色，地毯为同色系的暗土红色，墙面用明亮的米色，局部点缀些金色，如镀金的壁灯，再加一些蓝色作为辅助。

条纹壁纸

有色乳胶漆

镜面锦砖

白枫木窗棂造型

中花白大理石

文化砖

强化复合木地板

黑镜装饰线

木纹大理石

印花壁纸

木纹大理石

米色大理石

爵士白大理石

皮革装饰硬包

木纹大理石

翡翠绿网纹大理石

羊毛地毯

米色大理石

装饰银镜

雕花茶镜

灰白色洞石

石膏板压花

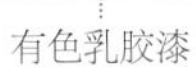

有色乳胶漆

肌理壁纸

有色乳胶漆

黑胡桃木饰面板

木纹大理石

胡桃木装饰线

石膏板拓缝

陶瓷锦砖

装饰银镜

简约风格室内家具配置原则

1.研究人们在室内活动的“流线”，在从事某种活动或运动的“流线结”上，即可能停留或必须停留处，布置具有特定作用的家具。

2.创造能感染、影响人的视觉、心理或情绪的地方，或在从事某种仪式的地方进行家具布置。

3.充分利用空间，利于为生活提供方便，力求从实用、美观出发(组织人的视线、强调整体平衡)，有效安排家具格局。

白桦木饰面板

木纹大理石

雕花银镜

装饰灰镜

人造石踢脚线

中花白大理石

浅啡色网纹大理石

印花壁纸

白色玻化砖

肌理壁纸

银镜装饰线

印花壁纸

印花壁纸

米色亚光玻化砖

木纹大理石

镜面锦砖
印花壁纸

密度板造型贴黑镜
印花壁纸

中花白大理石

印花壁纸

中花白大理石

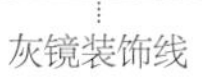

灰镜装饰线

有色乳胶漆

车边灰镜

黑色烤漆玻璃

米色网纹大理石

有色乳胶漆

石膏板拓缝

灰白色网纹玻化砖

有色乳胶漆

装饰灰镜

印花壁纸

肌理壁纸

米色大理石

中花白大理石

密度板雕花贴蓝镜

爵士白大理石

布艺装饰硬包

车边银镜

艺术墙贴

仿洞石玻化砖

仿古砖

茶色烤漆玻璃

简约风格的设计特色

1.几何线条修饰，色彩明快跳跃，外立面简洁流畅，以波浪、架廊式挑板或装饰线、带、块等异型屋顶为特征，立面立体层次感较强；外飘窗台、外挑阳台或内置阳台，合理运用色块色带处理。

2.以体现时代特征为主，没有过分的装饰，一切从功能出发，讲究造型比例适度、空间结构明确美观，强调外观的明快、简洁。既体现现代生活的快节奏、简约和实用性，又富有生活气息

3.室内墙面、地面、顶棚，以及家具陈设乃至灯具器皿等均以简洁的造型、纯洁的质地、精细的工艺为其特征。

4.家具突出强调功能性设计，设计线条简约流畅，家具色彩对比强烈。

5.一些线条简单、设计独特甚至是极富创意和个性的饰品都可以成为现代简约风格家装中的一员。

木纹大理石

茶色烤漆玻璃

印花壁纸

有色乳胶漆

中华大理石

装饰灰镜

米色网纹大理石

车边茶镜

强化复合木地板

黑色烤漆玻

水曲柳饰面板

白色亚光玻化砖

木质踢脚线

装饰灰镜

雕花灰镜

米黄色网纹玻化砖

石膏板雕花吊顶

白枫木饰面板

装饰灰镜

条纹壁纸

白枫木装饰线

车边灰镜

印花壁纸

水曲柳饰面板

有色乳胶漆

羊毛地毯

装饰灰镜

米色网纹大理石

石膏板拓缝

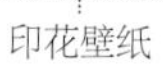

印花壁纸

泰柚木饰面板

印花壁纸

木纹大理石

白色玻化砖

陶瓷锦砖拼花

印花壁纸

皮纹砖

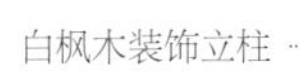

白枫木装饰立柱

米色网纹大理石

白桦木饰面板

密度板雕花贴银镜

白枫木饰面板

强化复合木地板

装饰茶镜

雕花茶镜

有色乳胶漆

水曲柳饰面板

简约风格的装饰要素

1.金属是工业化社会的产物，也是体现简约风格的有力手段。各种不同造型的金属灯都是简约风格的代表产品。

2.空间简约，色彩就要跳跃出来。苹果绿、深蓝、大红、纯黄等高纯度色彩的大量运用，大胆而灵活，不单是对简约风格的遵循，也是个性的展示。

3.强调功能性设计，线条简约流畅，色彩对比强烈，这是简约风格家具的特点。由于线条简单，此种风格的家具需要完美的软装配合，软装到位是现代简约风格家具装饰的关键。

羊毛地毯

木质搁板

黑白根大理石波打线

水曲柳饰面板

有色乳胶漆

有色乳胶漆

胡桃木格栅

黑色烤漆玻璃

密度板雕花隔断

装饰茶镜

泰柚木饰面板

白色洞石

强化复合木地板

石膏板拓缝

水曲柳饰面板

仿木纹壁纸

灰白色网纹玻化砖

密度板雕花隔断

装饰灰镜

雕花清玻璃